TRAITÉ ÉLÉMENTAIRE

DE

GÉOMÉTRIE DESCRIPTIVE

PLANCHES

3978. — PARIS, IMPRIMERIE A. LAHURE

9, Rue de Fleurus, 9

TRAITÉ ÉLÉMENTAIRE

DE

GÉOMÉTRIE DESCRIPTIVE

PAR J. KIÆS

Ancien élève de l'École polytechnique
Ancien professeur de mathématiques aux Écoles de l'artillerie et du génie
Ancien chef des travaux graphiques à l'École polytechnique
Ancien maître de conférences à l'École normale supérieure
Ancien professeur de géométrie descriptive aux lycées Louis-le-Grand
Saint-Louis, Henri IV, etc., etc.

PREMIÈRE PARTIE

A L'USAGE DES CLASSES DE MATHÉMATIQUES ÉLÉMENTAIRES
ET DÉS CANDIDATS AU BACCALAURÉAT ÈS SCIENCES

SEPTIÈME ÉDITION

PLANCHES

PARIS

LIBRAIRIE HACHETTE ET Cie

79, BOULEVARD SAINT-GERMAIN, 79

1882

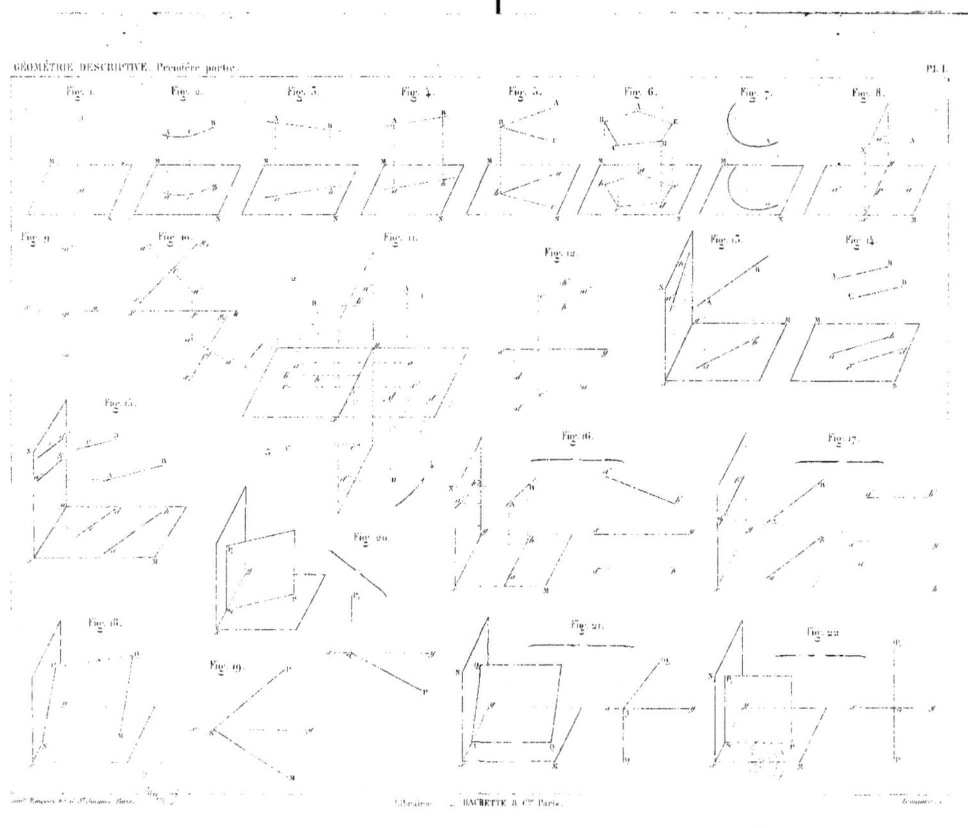

Fig. 1.
Fig. 2.
Fig. 3.
Fig. 4.
Fig. 5.
Fig. 6.
Fig. 7.
Fig. 8.
Fig. 9.
Fig. 10.
Fig. 11.
Fig. 12.
Fig. 13.
Fig. 14.
Fig. 15.
Fig. 16.
Fig. 17.
Fig. 18.
Fig. 19.
Fig. 20.
Fig. 21.
Fig. 22.

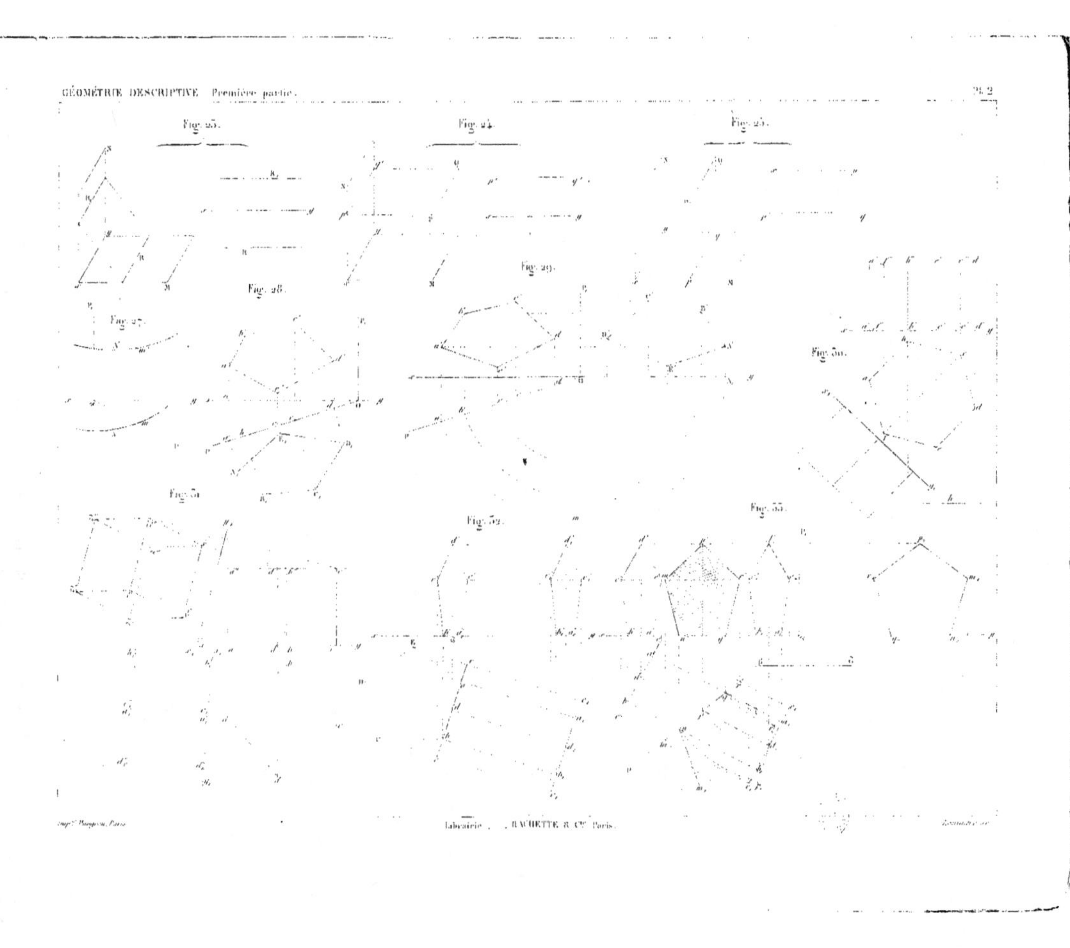

Fig. 23.
Fig. 24.
Fig. 25.
Fig. 26.
Fig. 27.
Fig. 28.
Fig. 29.
Fig. 30.
Fig. 31.
Fig. 32.
Fig. 33.

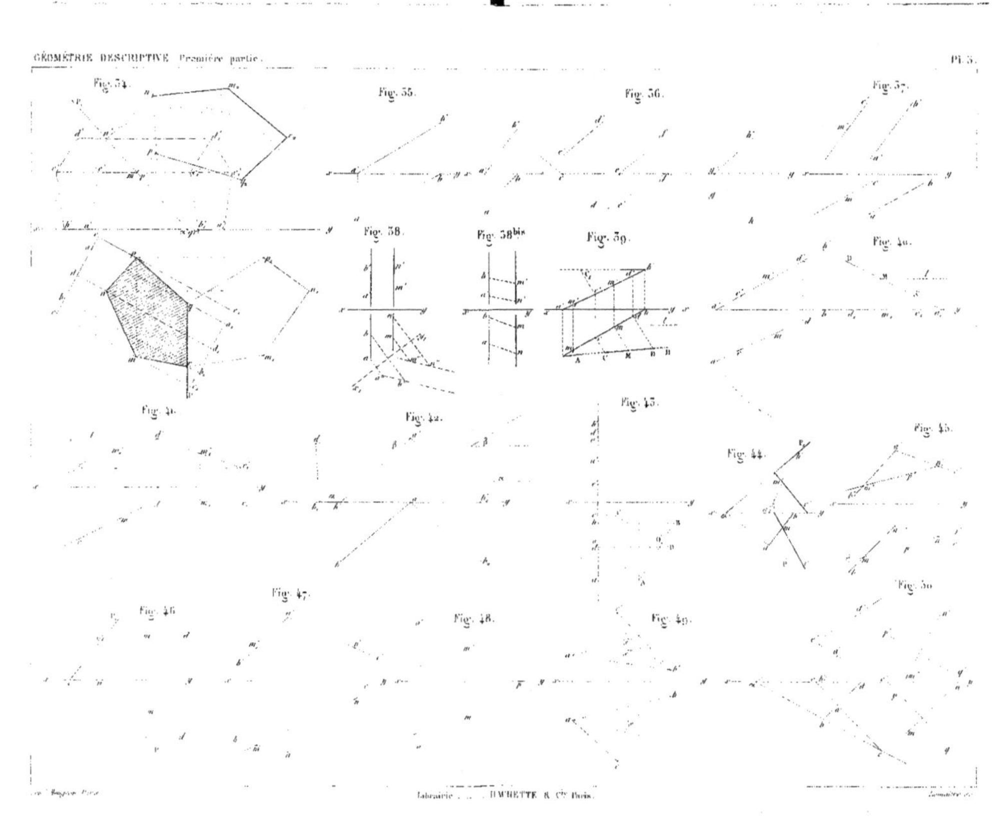
Fig. 34.
Fig. 35.
Fig. 36.
Fig. 37.
Fig. 38.
Fig. 38bis.
Fig. 39.
Fig. 40.
Fig. 41.
Fig. 42.
Fig. 43.
Fig. 44.
Fig. 45.
Fig. 46.
Fig. 47.
Fig. 48.
Fig. 49.
Fig. 50.

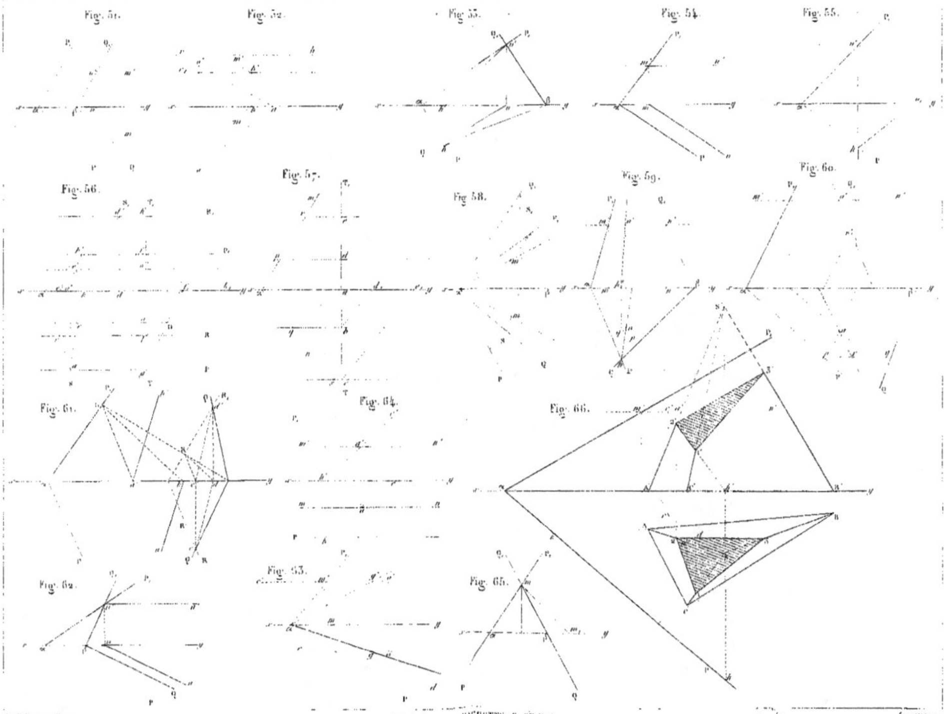
Fig. 51.
Fig. 52.
Fig. 53.
Fig. 54.
Fig. 55.
Fig. 56.
Fig. 57.
Fig. 58.
Fig. 59.
Fig. 60.
Fig. 61.
Fig. 62.
Fig. 63.
Fig. 64.
Fig. 65.
Fig. 66.

Imp. Mangeon Paris. Librairie ... HACHETTE & Cie Paris. Lemaître sc.

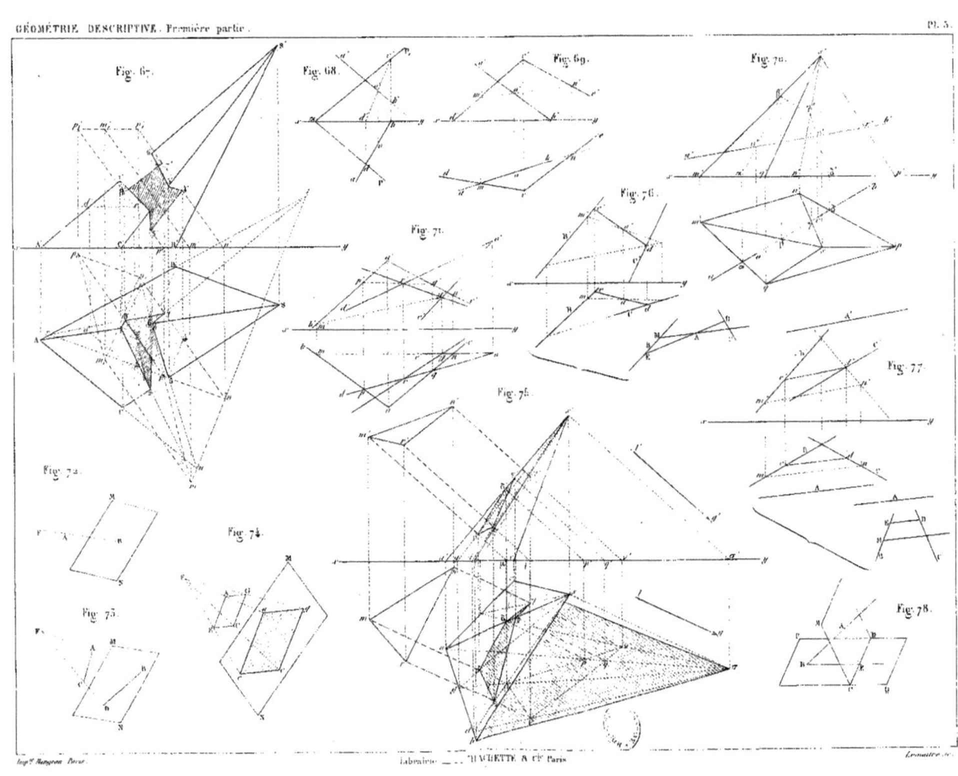

Fig. 67.
Fig. 68.
Fig. 69.
Fig. 70.
Fig. 71.
Fig. 72.
Fig. 73.
Fig. 74.
Fig. 75.
Fig. 76.
Fig. 77.
Fig. 78.

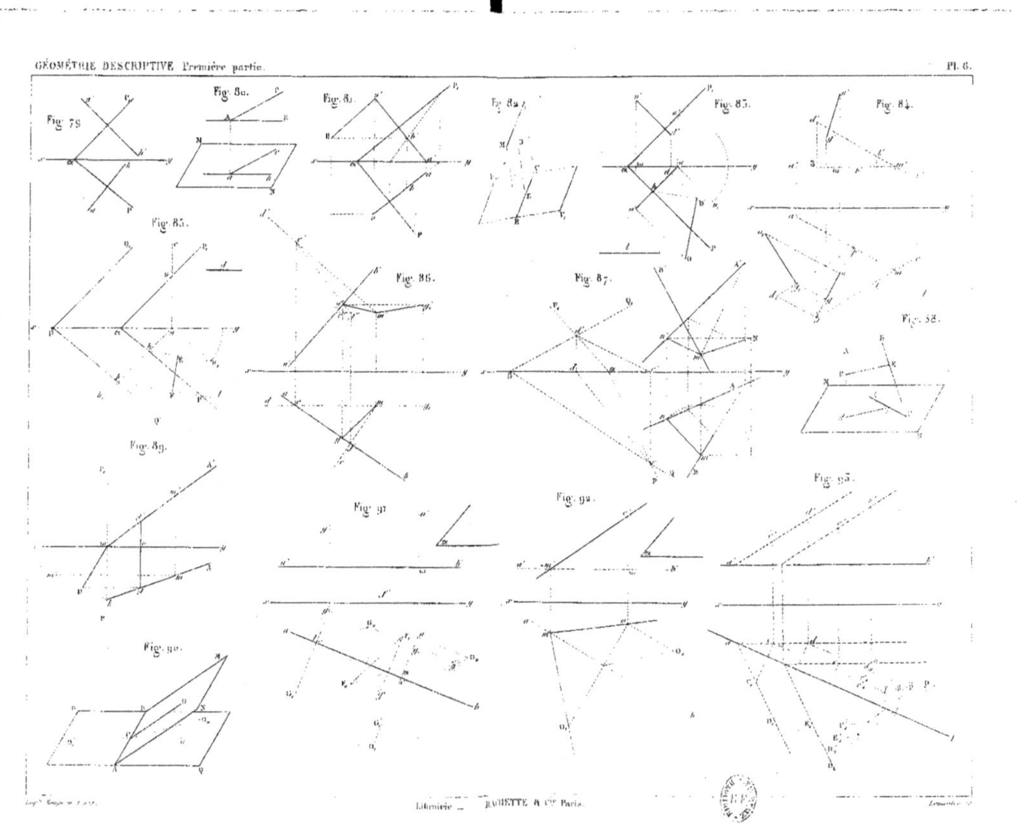

Fig. 79.
Fig. 80.
Fig. 81.
Fig. 82.
Fig. 83.
Fig. 84.
Fig. 85.
Fig. 86.
Fig. 87.
Fig. 88.
Fig. 89.
Fig. 90.
Fig. 91.
Fig. 92.
Fig. 93.

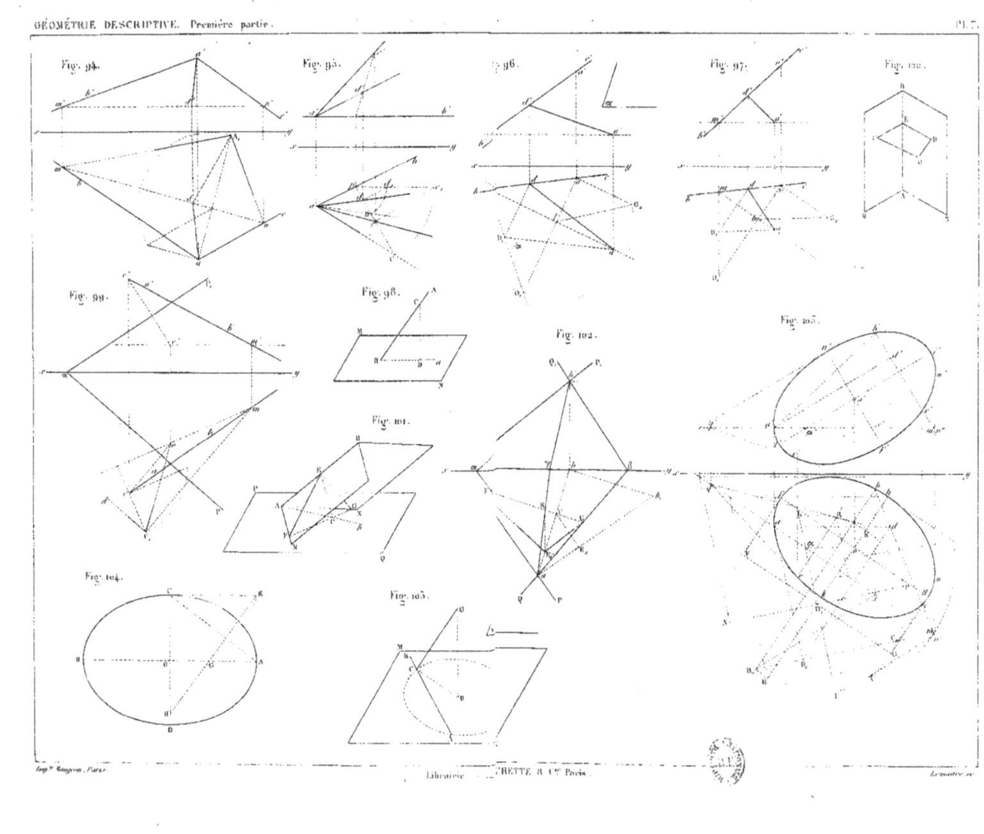

Fig. 94.
Fig. 95.
Fig. 96.
Fig. 97.
Fig. 100.
Fig. 99.
Fig. 98.
Fig. 102.
Fig. 103.
Fig. 101.
Fig. 104.
Fig. 105.

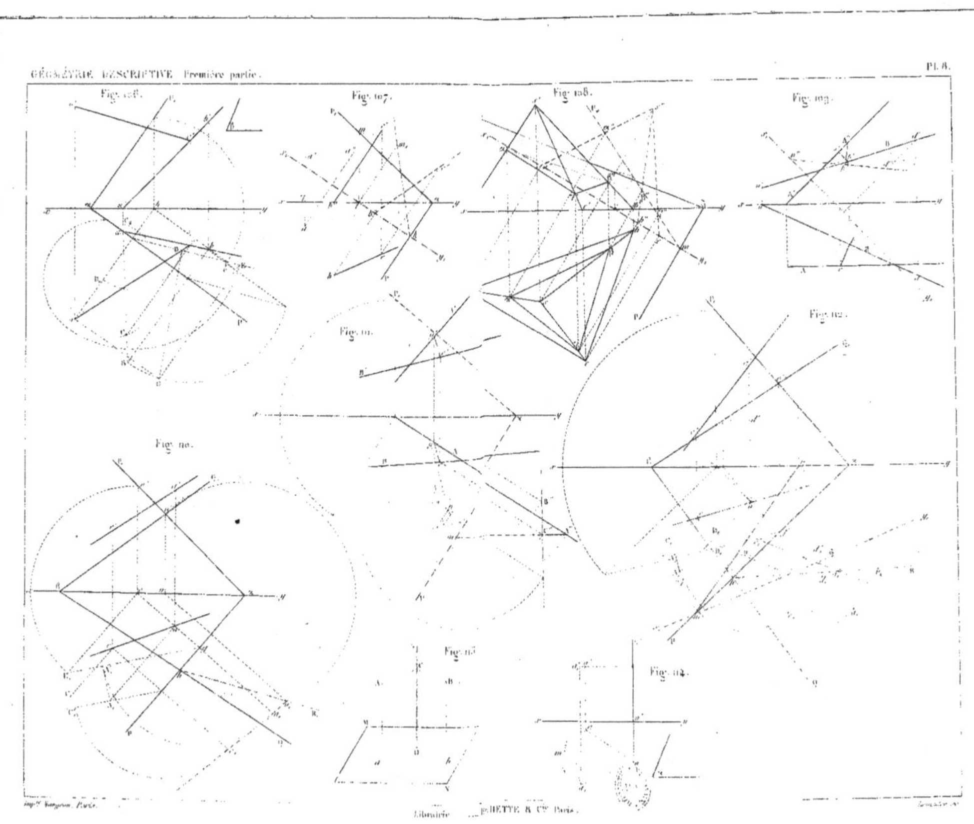

Fig. 106.
Fig. 107.
Fig. 108.
Fig. 109.
Fig. 110.
Fig. 111.
Fig. 112.
Fig. 113.
Fig. 114.

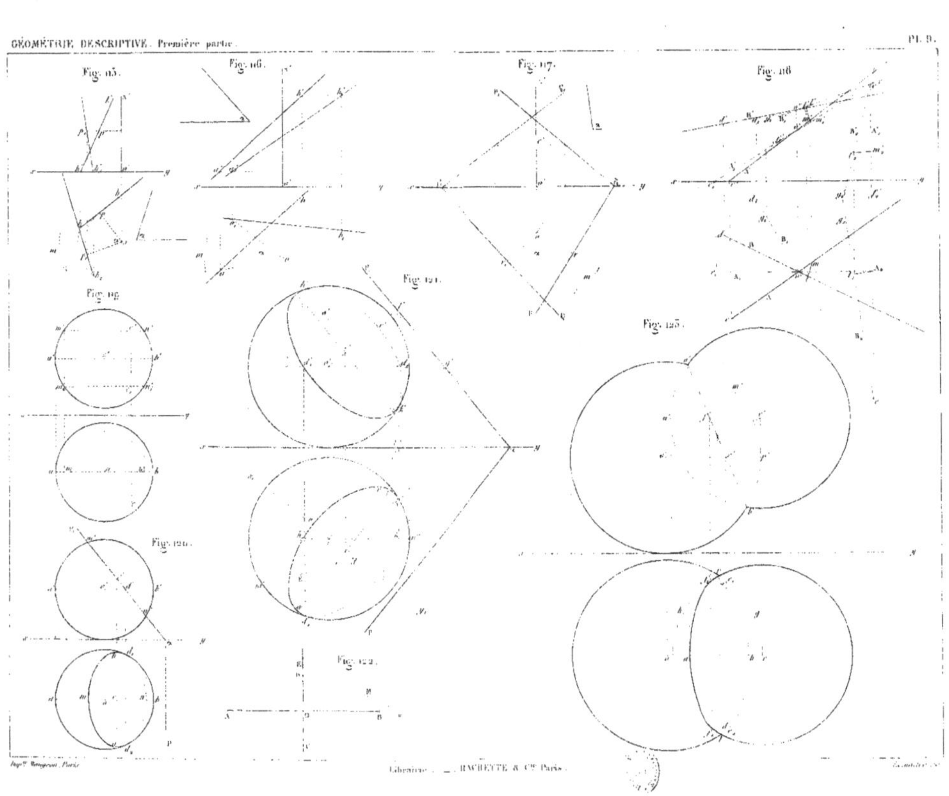

Fig. 115.
Fig. 116.
Fig. 117.
Fig. 118.
Fig. 119.
Fig. 120.
Fig. 121.
Fig. 122.
Fig. 123.
Fig. 125.

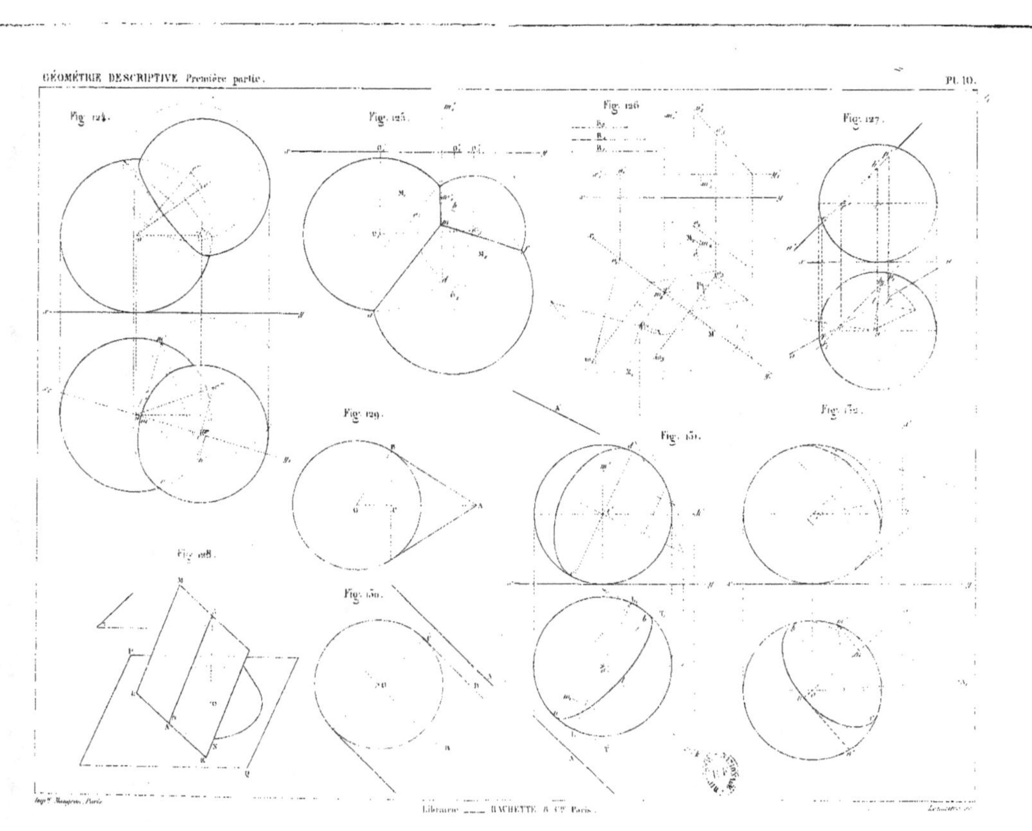
Fig. 124.
Fig. 125.
Fig. 126.
Fig. 127.
Fig. 128.
Fig. 129.
Fig. 130.
Fig. 131.
Fig. 132.

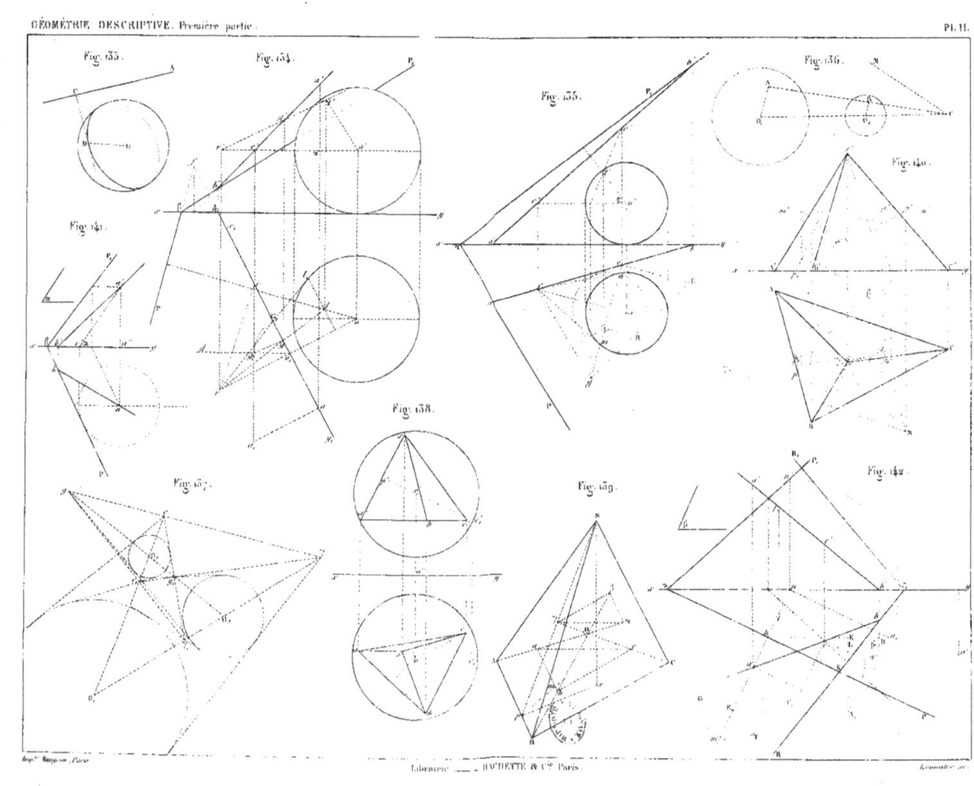

Fig. 133.
Fig. 134.
Fig. 135.
Fig. 136.
Fig. 140.
Fig. 141.
Fig. 138.
Fig. 137.
Fig. 139.
Fig. 142.

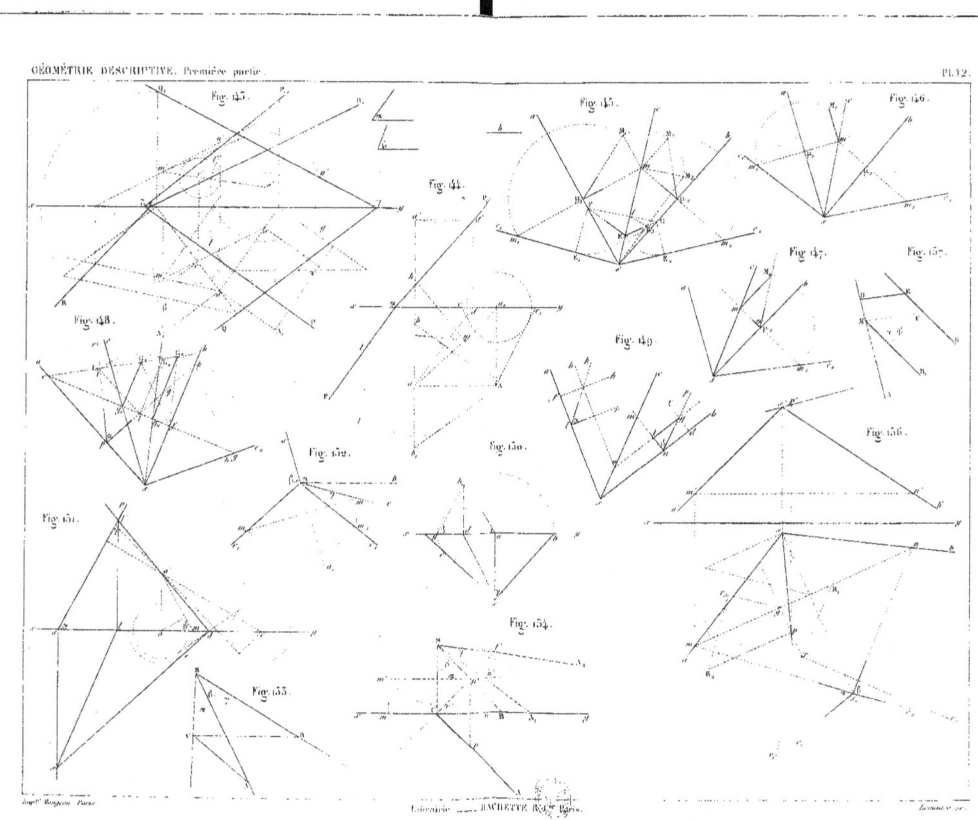

Fig. 143.
Fig. 144.
Fig. 145.
Fig. 146.
Fig. 147.
Fig. 148.
Fig. 149.
Fig. 150.
Fig. 151.
Fig. 152.
Fig. 153.
Fig. 154.
Fig. 155.
Fig. 156.
Fig. 157.

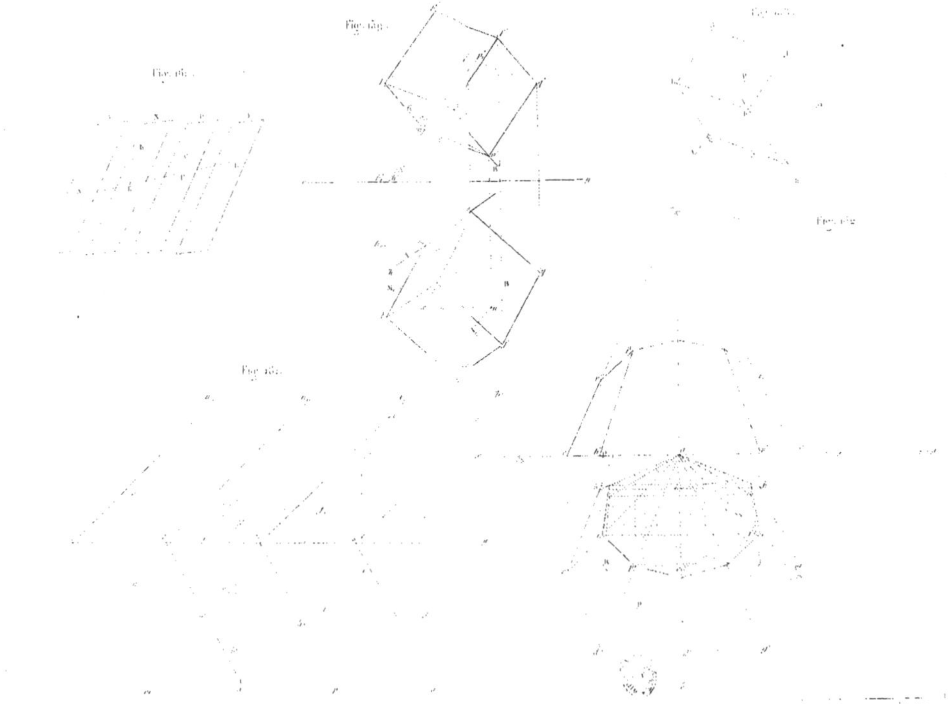

Librairie HACHETTE & Cie Paris.

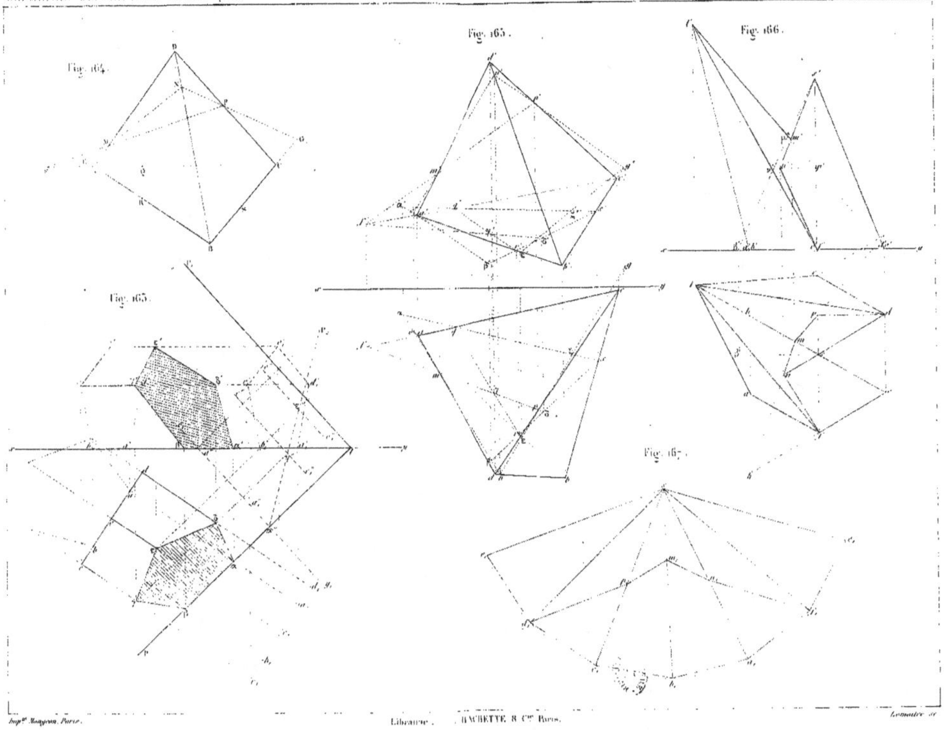
Fig. 164.
Fig. 165.
Fig. 166.
Fig. 165.
Fig. 167.

Impr. Mangeon, Paris. Librairie HACHETTE & Cie Paris. Lemaître sc.

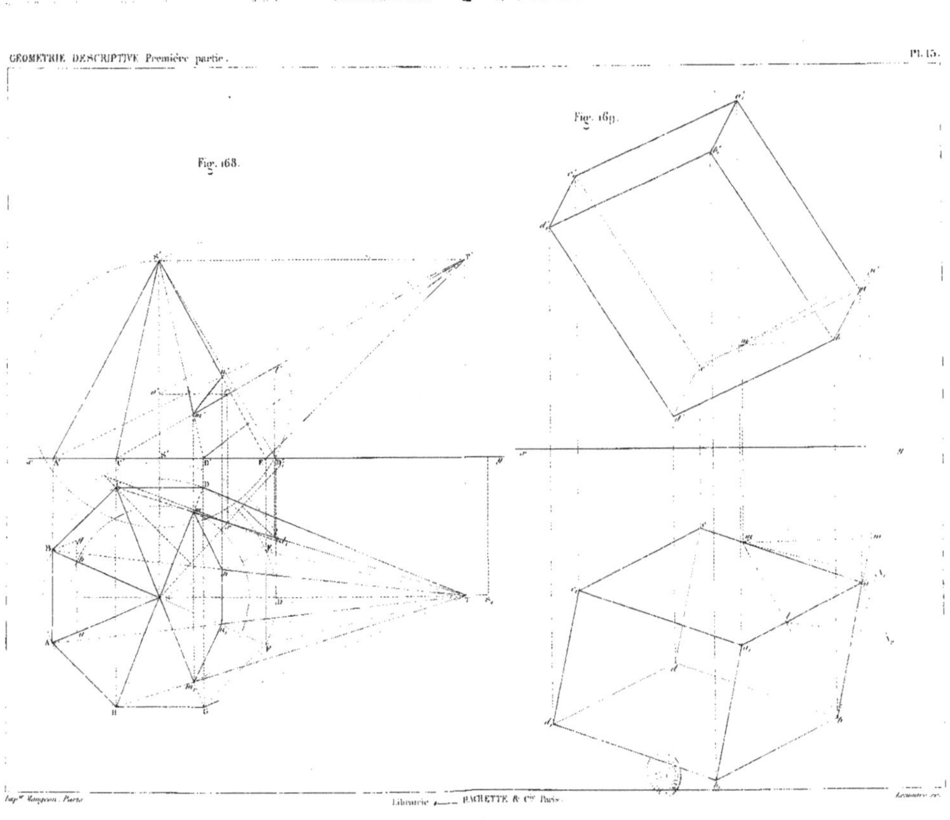

Fig. 168.
Fig. 169.

Fig. 170.

Fig. 171.

Fig. 172.

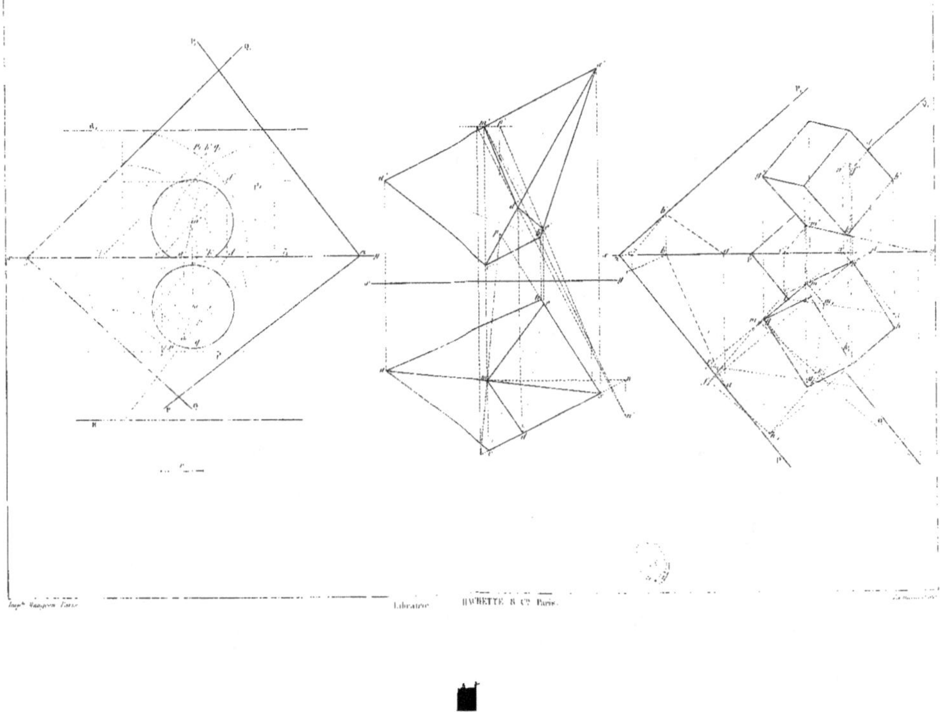

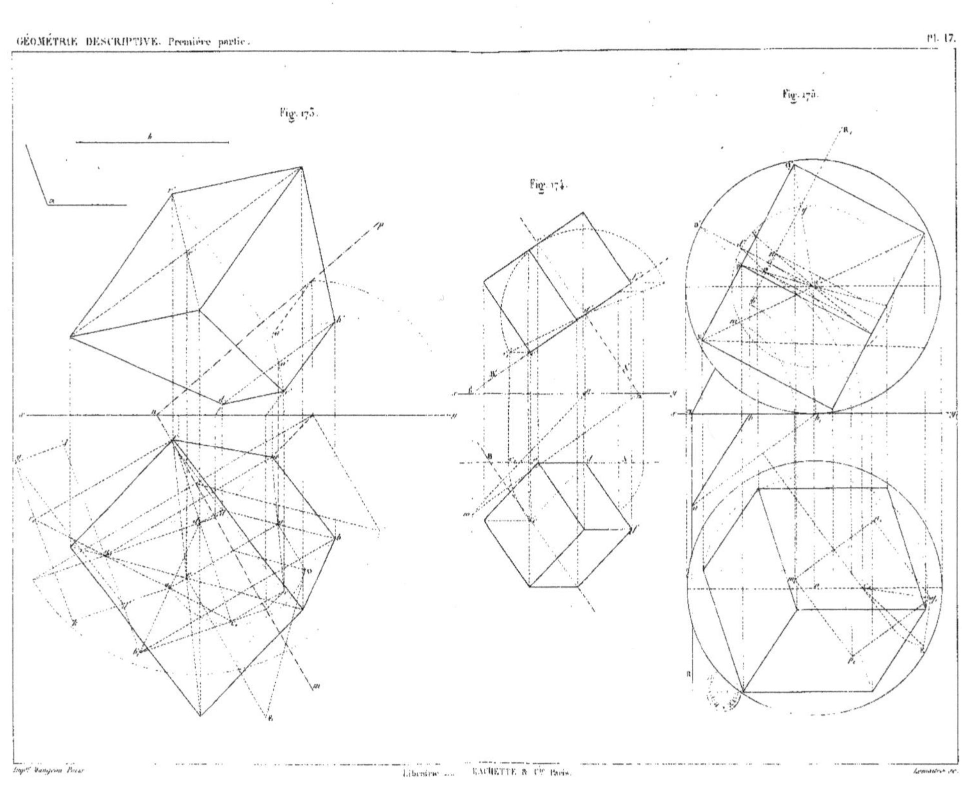
Fig. 173.
Fig. 174.
Fig. 175.

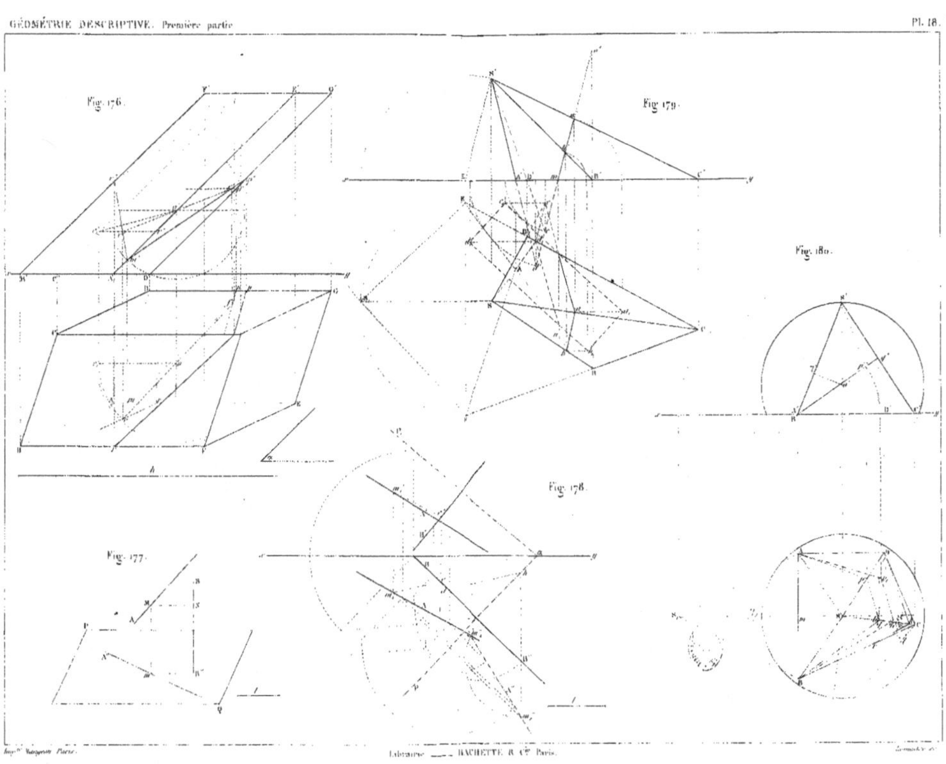

Fig. 176.
Fig. 177.
Fig. 178.
Fig. 179.
Fig. 180.

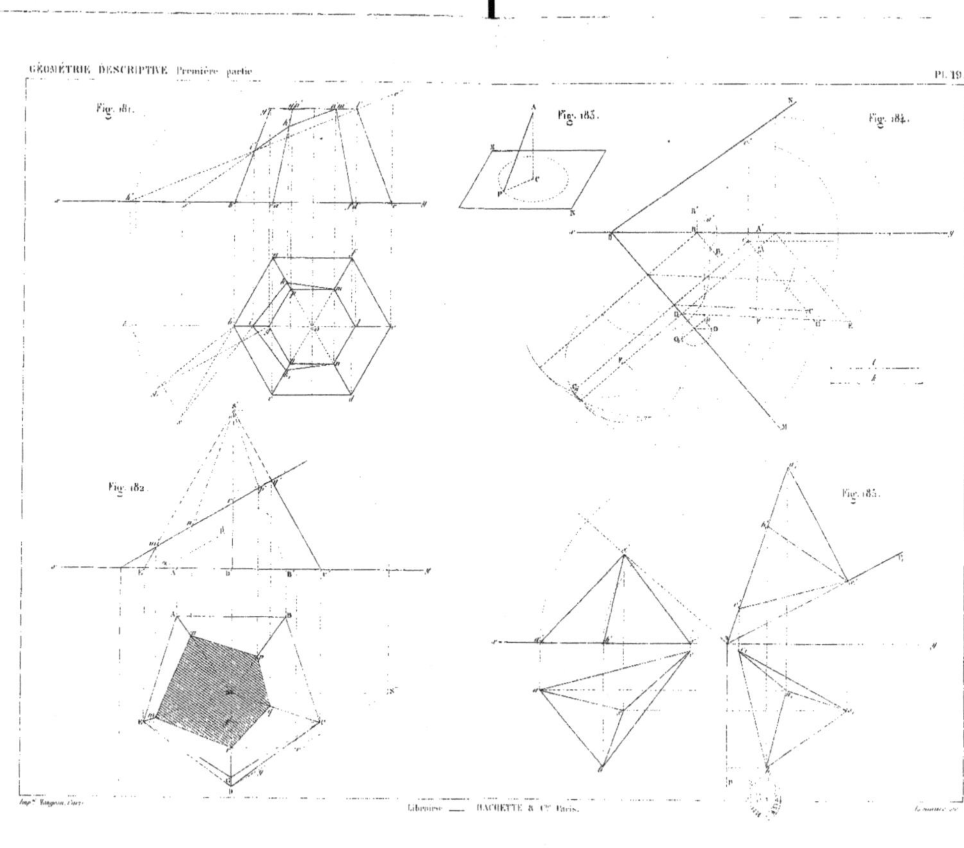

Fig. 181.
Fig. 182.
Fig. 183.
Fig. 184.
Fig. 185.

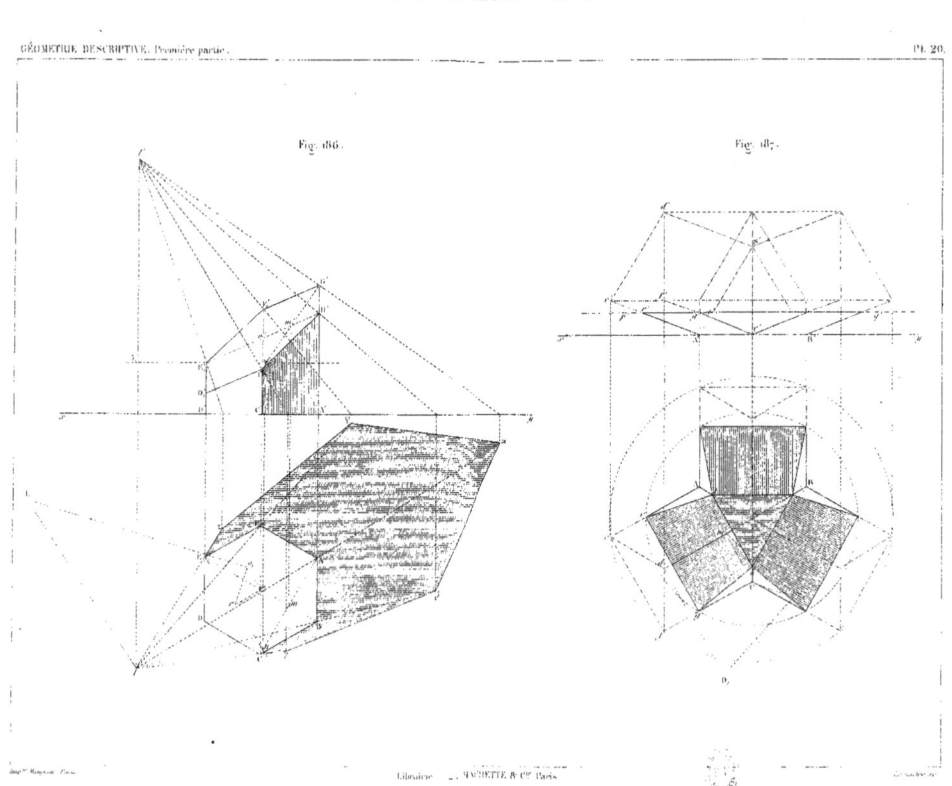

Fig. 186.
Fig. 187.

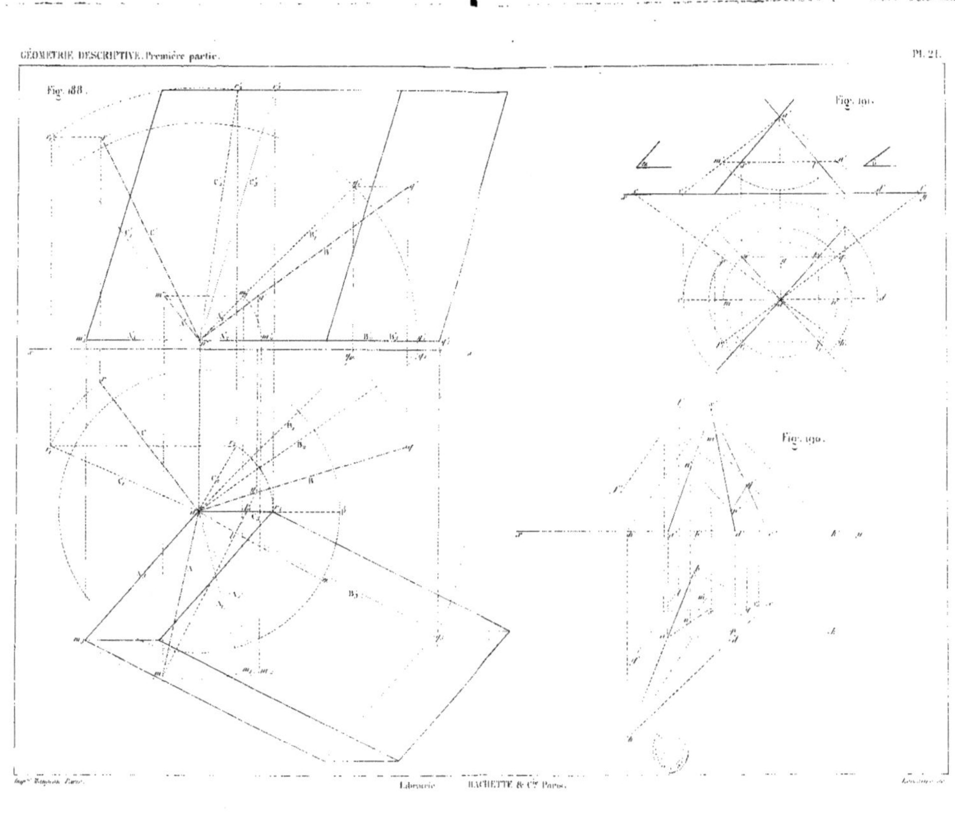

Fig. 188.

Fig. 189.

Fig. 190.

Fig. 192.

Fig. 191.

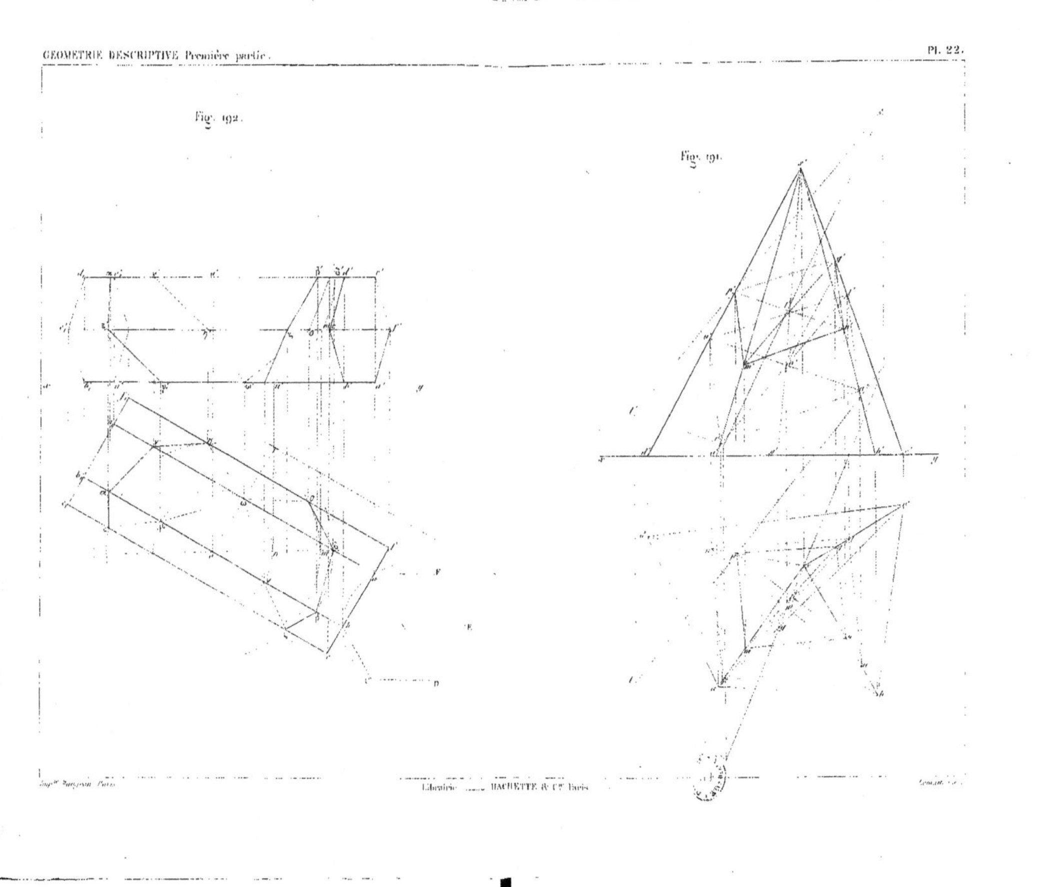

Fig. 195.

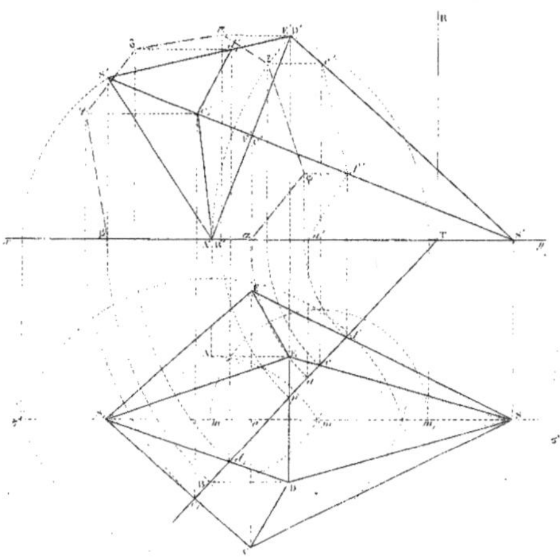

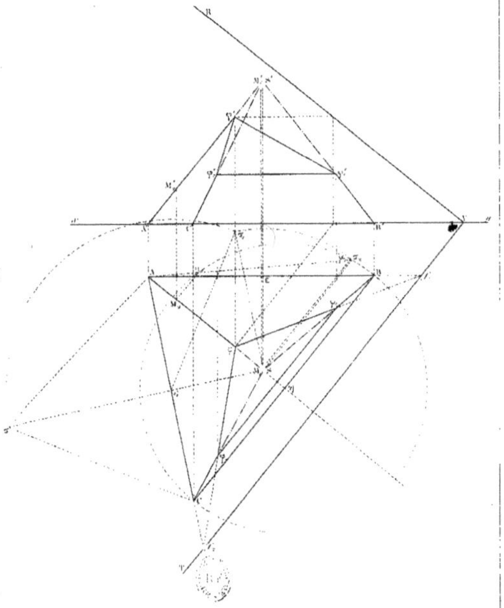

Fig. 194.

Fig. 195.

Fig. 196.

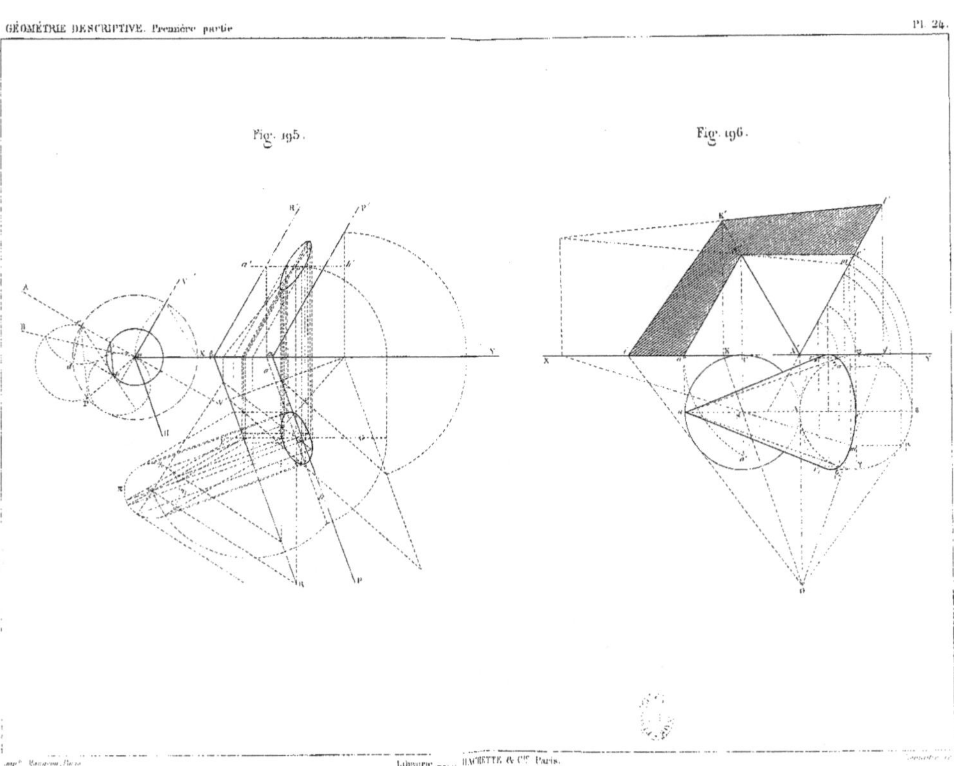

Fig. 197.

Fig. 198.

Fig. 199.

Fig. 220.

Fig. 201.

Fig. 202.

Fig. 204.

Fig. 203.

Fig. 205.

Fig. 206.

Fig. 207.

Fig. 208.

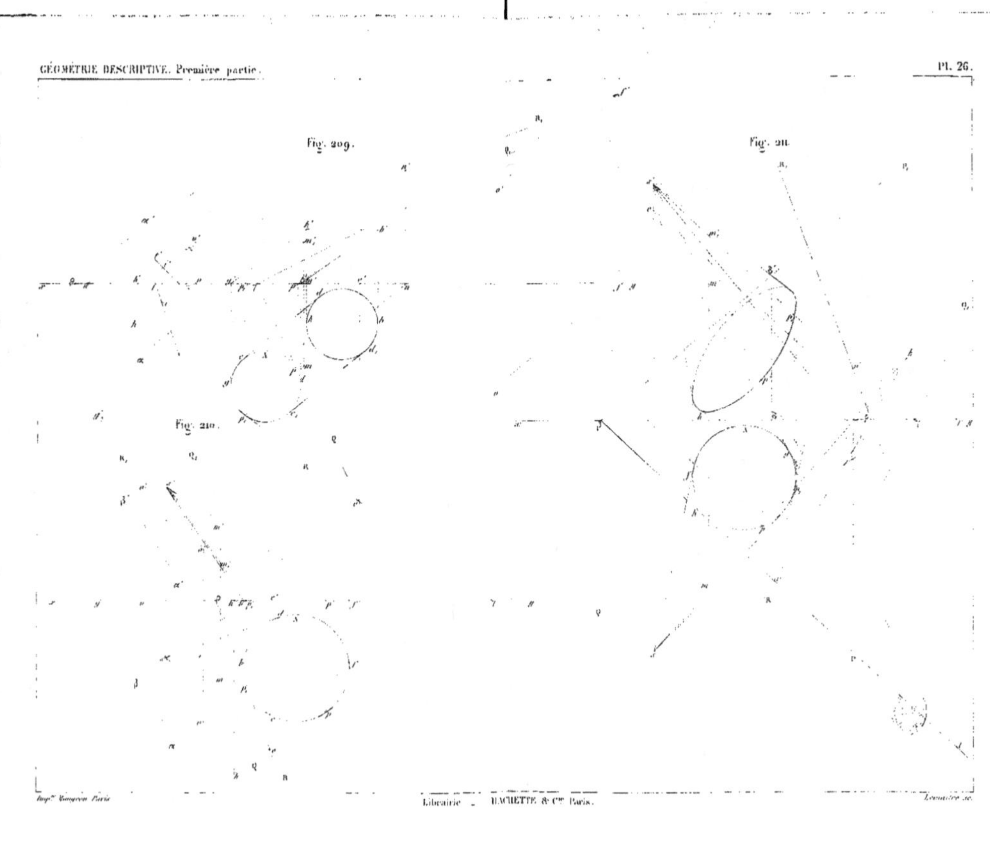
Fig. 209.
Fig. 210.
Fig. 211.

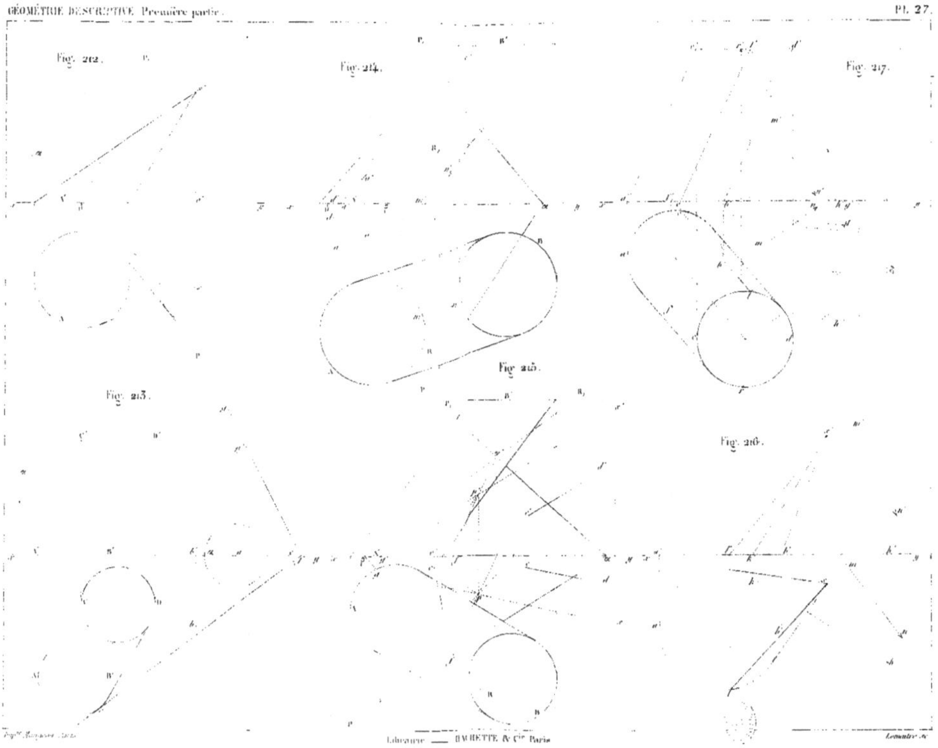

Fig. 212.

Fig. 214.

Fig. 217.

Fig. 213.

Fig. 215.

Fig. 216.

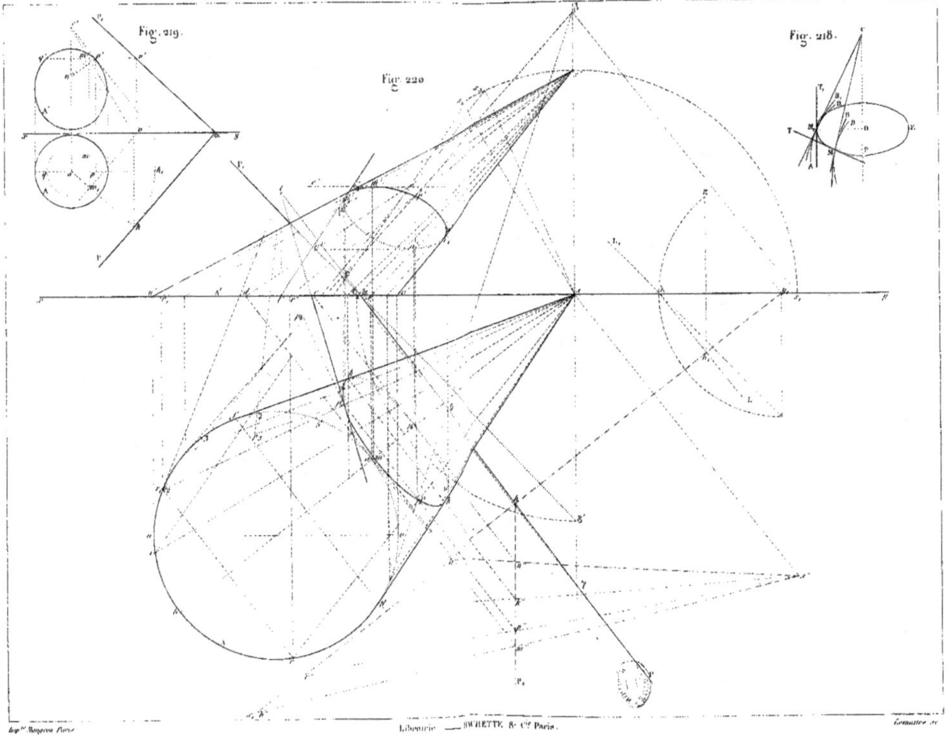

Fig. 219.

Fig. 220.

Fig. 218.

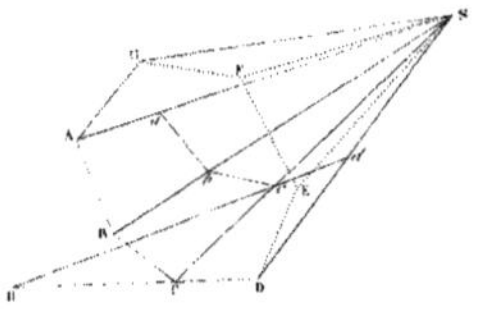

Fig. 221.
Fig. 222. 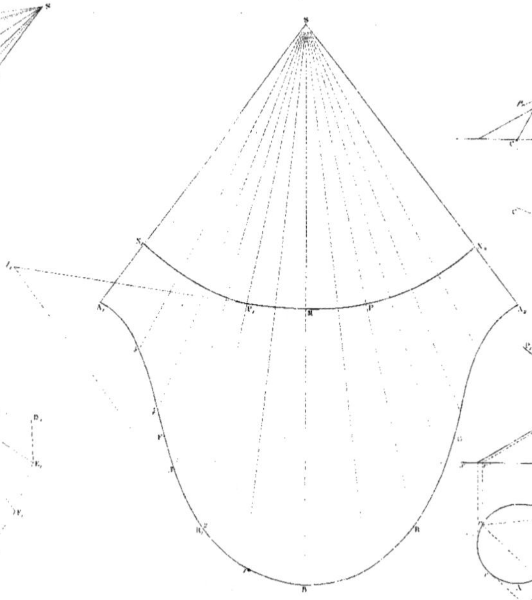
Fig. 223. 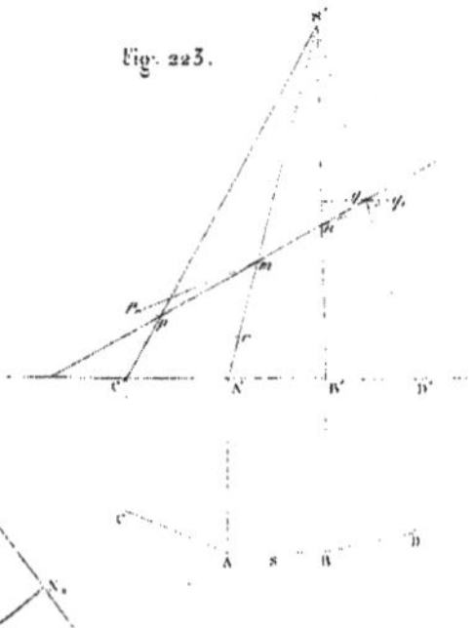
Fig. 221 bis. 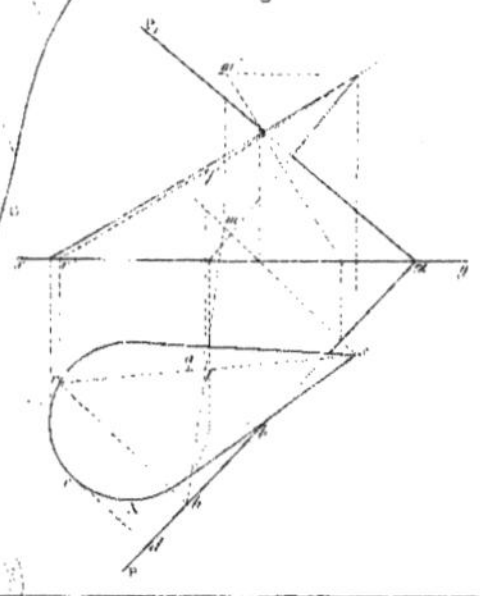
Fig. 220 bis.

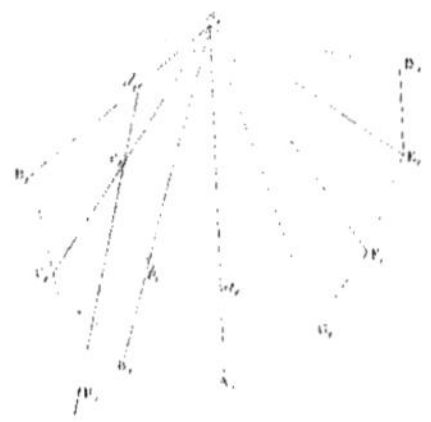

Fig. 224.

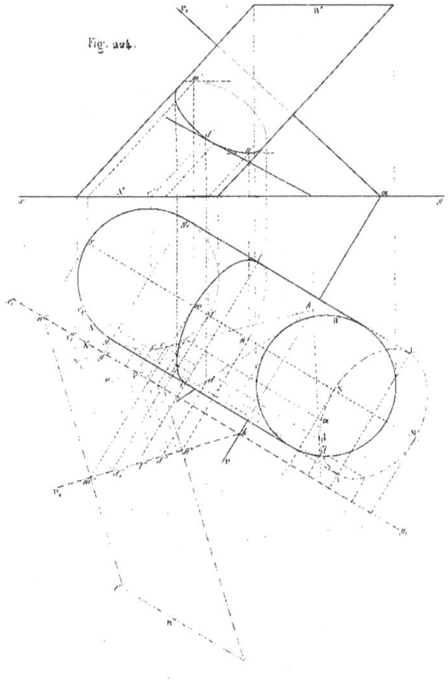

Fig. 225.

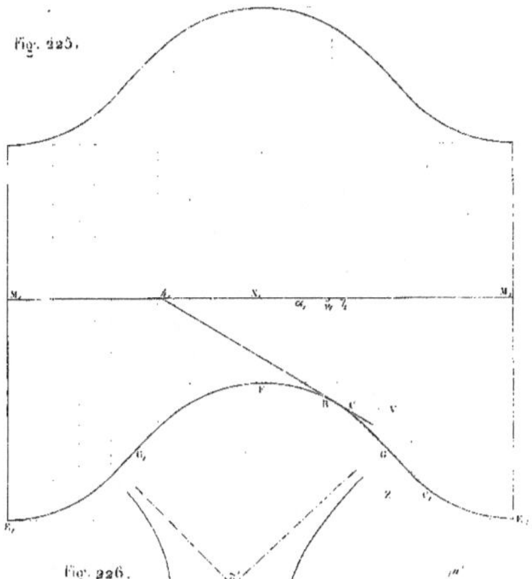

Fig. 226.

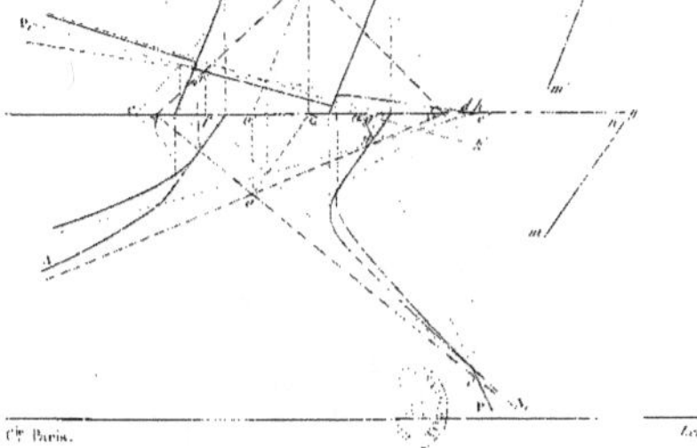

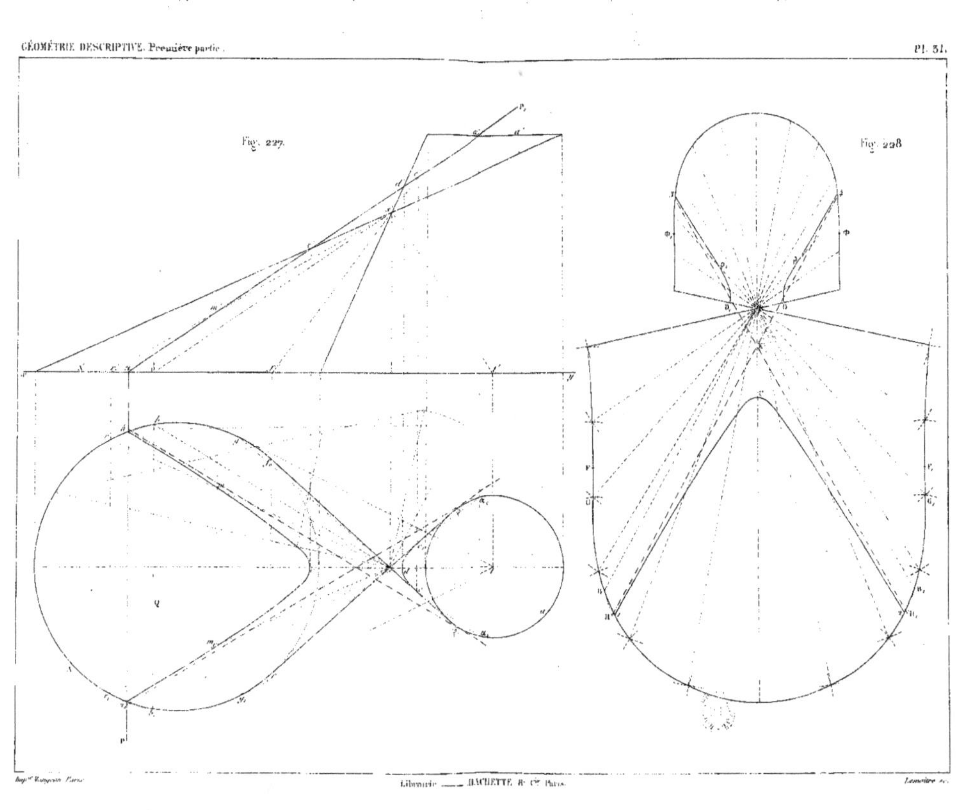

Fig. 227.
Fig. 228.

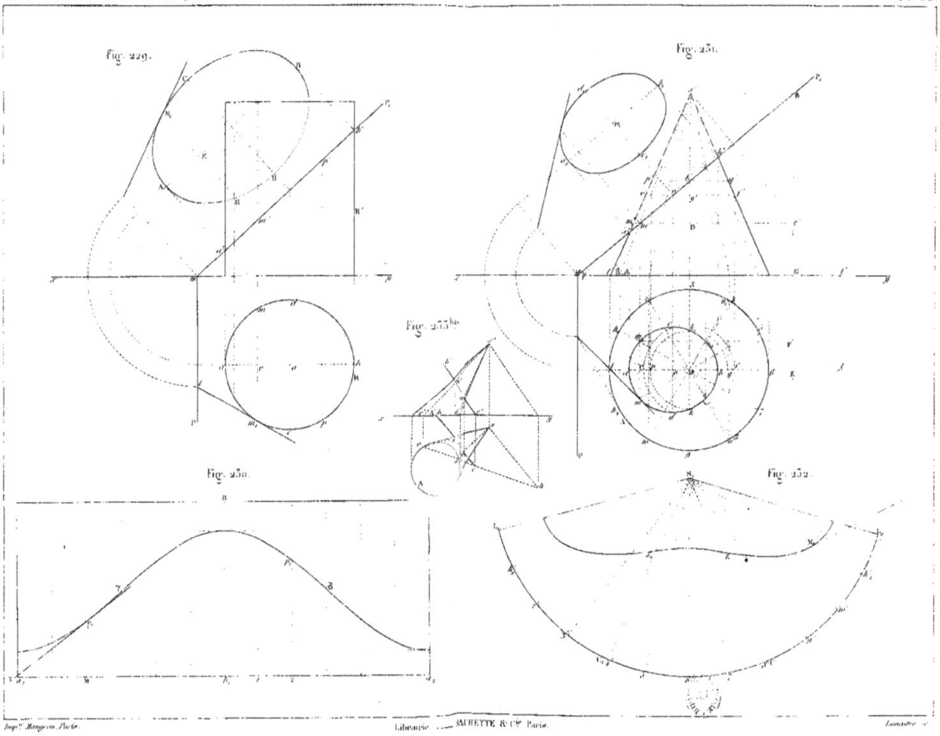

Fig. 229.

Fig. 231.

Fig. 233 bis.

Fig. 230.

Fig. 232.

Fig. 253.

Fig. 254.

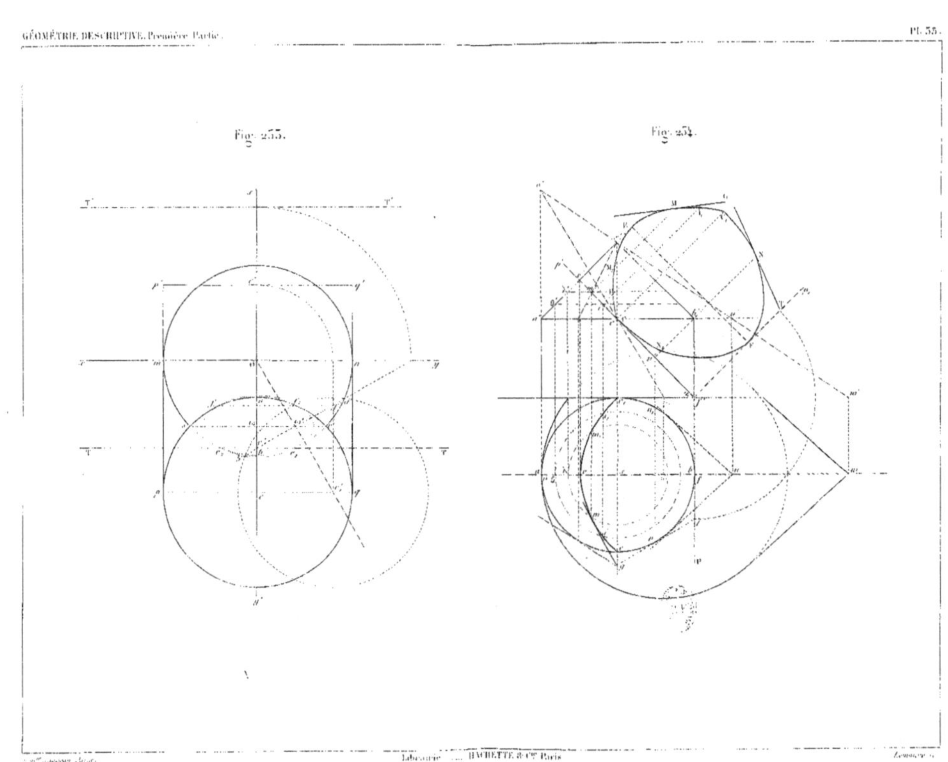

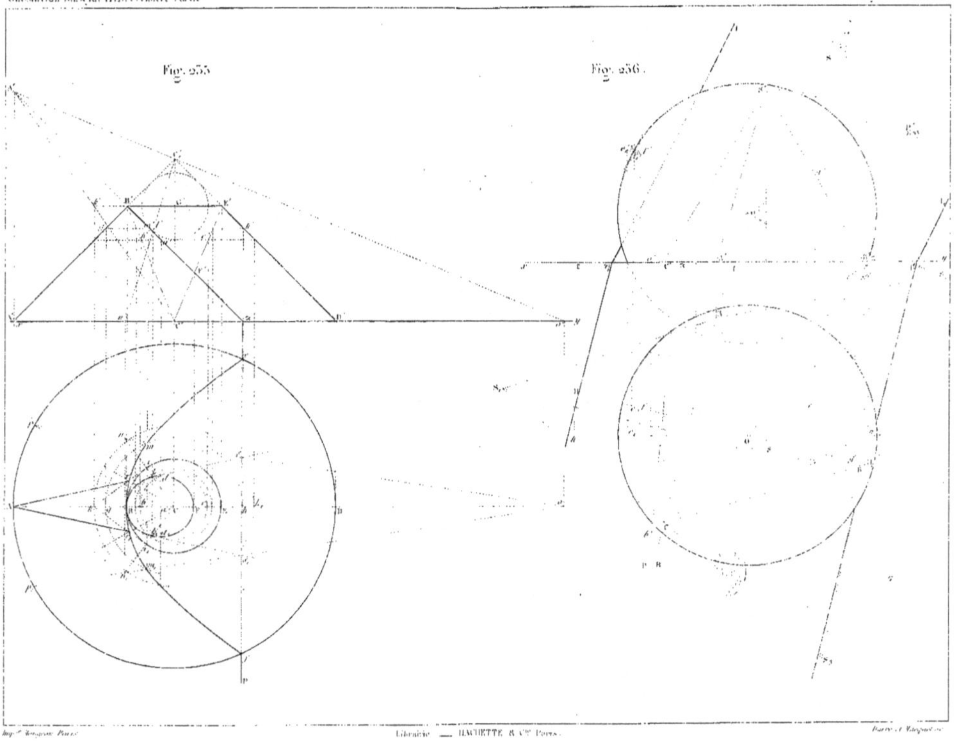
Fig. 255
Fig. 256.

Librairie — HACHETTE & Cie Paris.

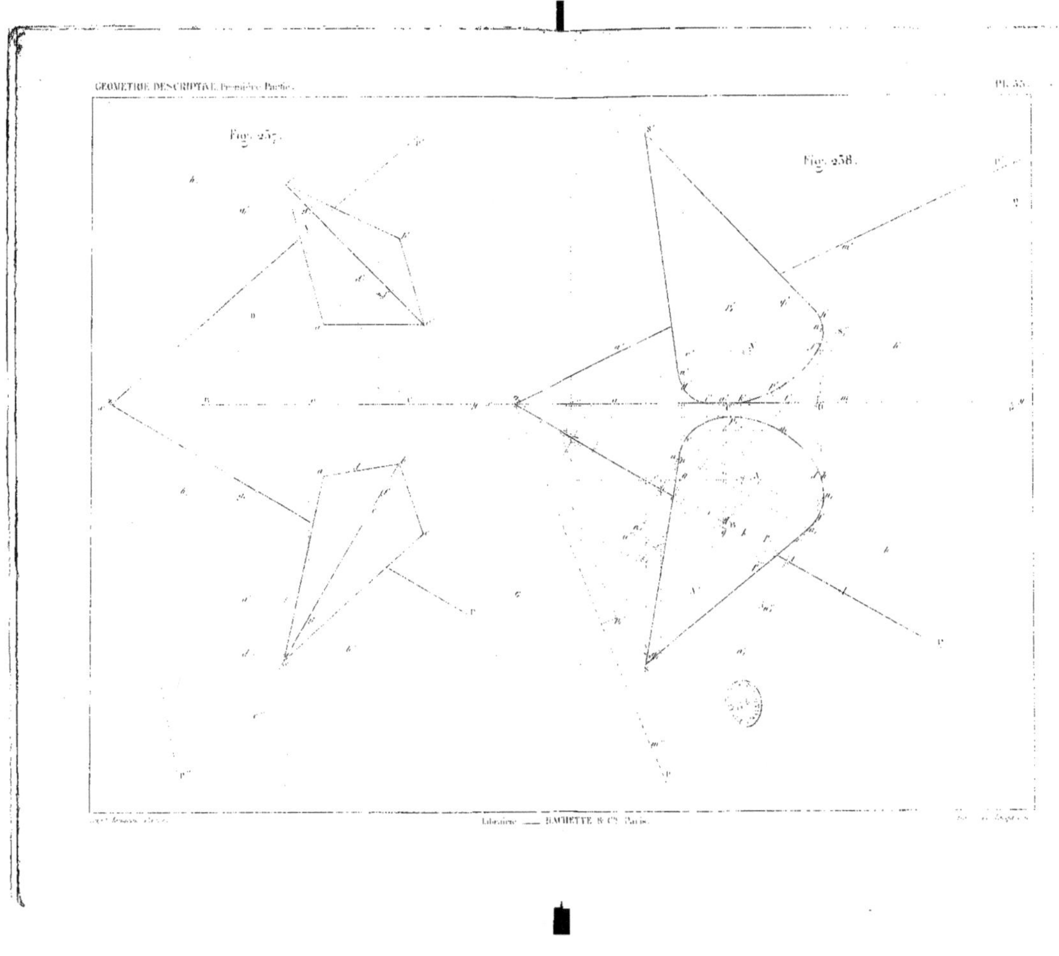

Fig. 257.
Fig. 258.

Fig. 239.

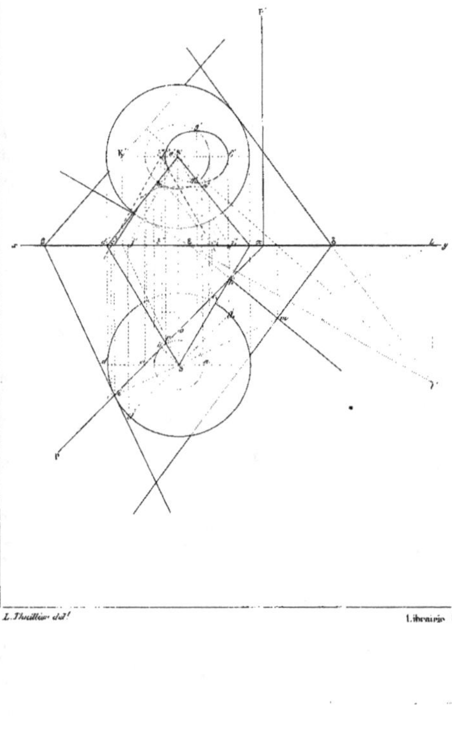

Fig. 240.

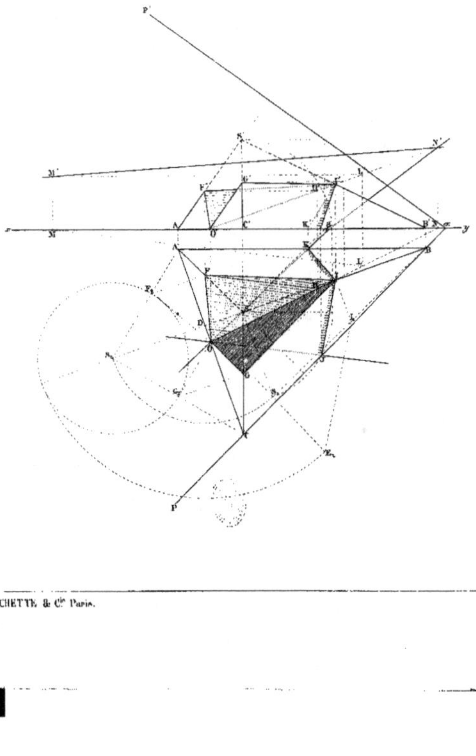

Fig. 242.

Fig. 241.

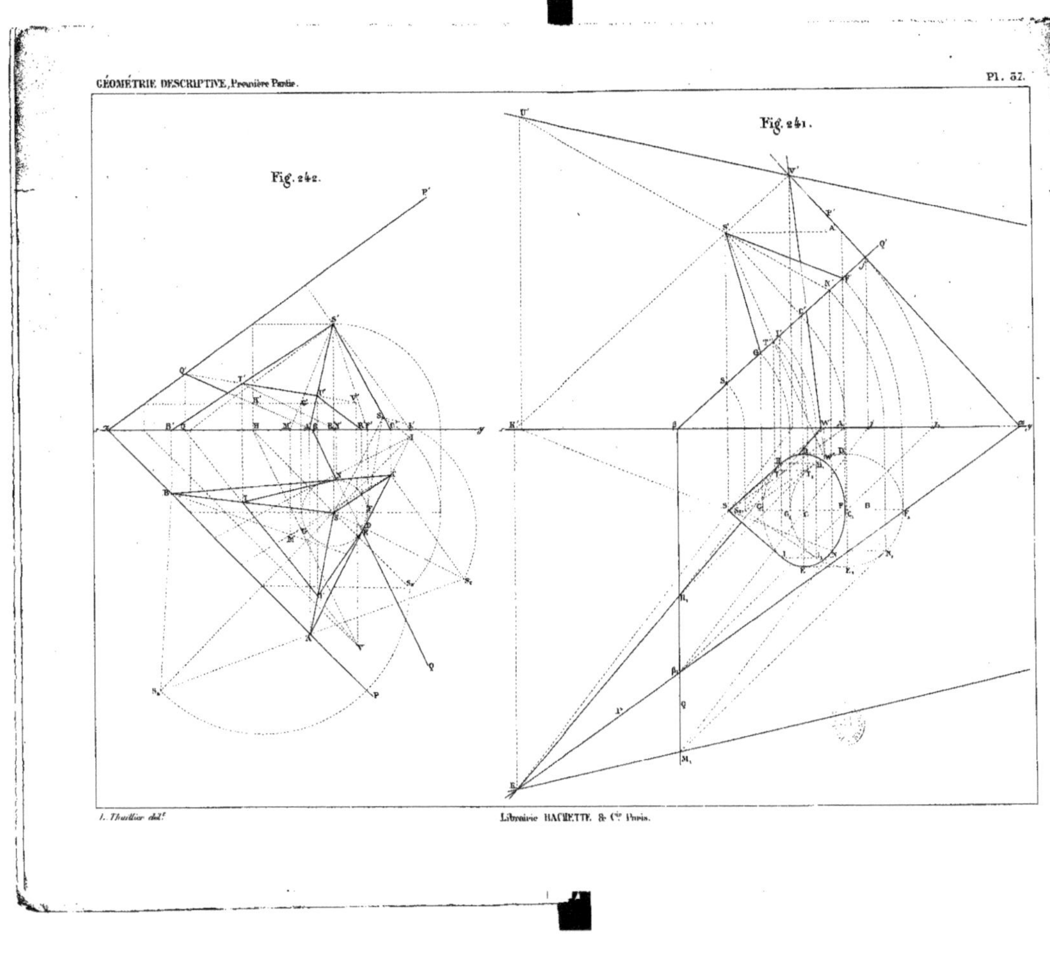

LIBRAIRIE HACHETTE ET Cⁱᵉ

DICTIONNAIRE

DES

MATHÉMATIQUES APPLIQUÉES

COMPRENANT LES PRINCIPALES APPLICATIONS MATHÉMATIQUES

A L'AGRICULTURE
A L'ARITHMÉTIQUE COMMERCIALE, A L'ARPENTAGE
A L'ARTILLERIE, AUX ASSURANCES
A LA BALISTIQUE, A LA BANQUE, A LA CHARPENTE, AUX CHEMINS DE FER
A LA CINÉMATIQUE, A LA CONSTRUCTION NAVALE, A LA COSMOGRAPHIE
A LA COUPE DES PIERRES, AU DESSIN LINÉAIRE, AUX ÉTABLISSEMENTS DE PRÉVOYANCE
A LA FORTIFICATION, A LA GÉODÉSIE, A LA GÉOGRAPHIE
A LA GÉOMÉTRIE DESCRIPTIVE, A L'HORLOGERIE, A L'HYDRAULIQUE
A L'HYDROSTATIQUE, AUX MACHINES
A LA MÉCANIQUE GÉNÉRALE, A LA MÉCANIQUE DES GAZ
A LA NAVIGATION, AUX OMBRES
A LA PERSPECTIVE, A LA POPULATION, AUX PROBABILITÉS
AUX QUESTIONS DE BOURSE, A LA TOPOGRAPHIE, AUX TRAVAUX PUBLICS
AUX VOIES DE COMMUNICATION, ETC., ETC.

Et l'explication d'un grand nombre de termes techniques
usités dans les applications

PAR

H. SONNET

Officier de la Légion d'honneur, Docteur ès sciences, Inspecteur de l'Académie de Paris
Professeur d'analyse et de mécanique à l'École centrale des arts et manufactures
ancien Répétiteur de mécanique industrielle à la même École

OUVRAGE CONTENANT 1920 FIGURES

INTERCALÉES DANS LE TEXTE

1 volume grand in-8 d'environ 1600 pages. Broché : 30 fr.

Le cartonnage en percaline gaufrée se paye en sus 2 fr. 75 c.
La demi-reliure en chagrin, tranches jaspées, 4 fr. 50 c.

5978. — Paris, Imprimerie A. Lahure, 9, rue de Fleurus.